ARITHMÉTIQUE

THÉORIQUE ET PRATIQUE,

D'après le programme donné

AUX ÉCOLES DE LYON

PAR LA SOCIÉTÉ D'INSTRUCTION PRIMAIRE DU RHONE;

Par un ancien Instituteur.

COURS DE PREMIÈRE ANNÉE.

ÉDITION DE L'ÉLÈVE.

PARIS,

DEZOBRY ET MAGDELEINE, LIBRAIRES,

Rue du Cloître-Saint-Benoît (quartier de la Sorbonne).

1853

PROPRIÉTÉ.

AVANT-PROPOS.

———

Encore une Arithmétique!... et qui peut-être aura le même sort que ses aînées, tant un livre classique est difficile à faire.

Cependant nous ne sommes pas sans quelque espoir pour notre œuvre, parce que son programme nous a été tracé par les hommes les plus compétents et les plus préoccupés de l'avenir de la jeunesse, parce qu'enfin nous avons été assisté des instituteurs les plus expérimentés et les plus éclairés.

Les cours de 2e et de 3e année sont entièrement terminés et paraîtront incessamment; nous n'avons publié le cours de 1re année séparément que pour attendre les conseils de la critique.

Extrait du programme donné aux écoles communales de Lyon par la SOCIÉTÉ D'INSTRUCTION PRIMAIRE DU RHÔNE.

ARITHMÉTIQUE.

Trois leçons d'une heure chacune par semaine.

TROISIÈME CLASSE.

Novembre. — Qu'est-ce que la numération ? — Deux sortes de numération. — Qu'enseigne la numération parlée ? — Qu'enseigne la numération écrite ? — Valeur absolue des nombres. — Leur valeur relative d'après le rang qu'ils occupent. — Exercices de l'une et de l'autre numération jusqu'à 1,000,000,000.

Décembre. — Partage d'un nombre en tranches de trois chiffres, en commençant par la droite. — Exercices des deux numérations sans les combinaisons difficiles.

Janvier. — Exercices des deux numérations avec les combinaisons difficiles, comme : 4,900,812 ; 602,800,081 ; 2,047,003,900.

Février. — Les décimales ou nombres décimaux. — Qu'est-ce qu'un dixième, un centième, un millième, etc.? — Comment écrit-on les décimales ? — Rôle de la virgule ; rôle du zéro. — Répétition de tout ce qui a précédé.

Mars. — Exercices sur la numération écrite et parlée des décimales, avec des combinaisons difficiles, comme : 0,0745 ; 0,006,108 ; 4,030,006 ; 70,703,0004.

Avril. — Numération romaine. — Exercices sur les nombres romains.

Mai. — Qu'est-ce que l'arithmétique ? — Nombre. — Unité. — Quantité. — Calcul. — Exercices continués sur la numération.

Juin. — Opérations fondamentales de l'arithmétique. — Pourquoi les appelle-t-on fondamentales ? — Qu'est-ce qu'un problème ? — Différence entre la solution et le calcul. — Nombreux exemples de petits problèmes. — Tout ce qui précède.

Juillet. — Dénomination des nombres abstraits, concrets, entiers, décimaux, complexes, pairs, impairs, multiples, sous-multiples, premiers. — Tout ce qui précède.

Août. — Signes et abréviations. — Répétition de tout ce qu'on a vu dans l'année.

Note de l'Éditeur. — Ce traité est rédigé de manière qu'on est toujours au courant du programme en faisant un exercice chaque jour de leçon ; à commencer du mois de novembre.

Lyon. Impr. Girard et Josserand.

ARITHMÉTIQUE

THÉORIQUE ET PRATIQUE,

D'APRÈS LE PROGRAMME DONNÉ

AUX ÉCOLES DE LYON

Par la Société d'instruction primaire du Rhône.

———— >o< ————

NUMÉRATION DÉCIMALE.

1. *Numération, numérer,* signifient *compter.* Ainsi, la *numération* apprend à *former* les nombres, à les *énoncer,* à les *écrire.*

2. Il y a deux sortes de numérations : la *numération parlée,* qui enseigne à exprimer les nombres avec des mots ; la *numération écrite,* qui enseigne à écrire les nombres avec des chiffres.

1ᵉʳ EXERCICE de calcul mental et de calcul écrit.

L'élève s'appliquera à bien imiter les chiffres ou carac-
tères suivants, donnés pour modèles (1).

Pour former les nombres, on dit :

Un *1* et *1* font *2* deux.

2   *1*   *3* trois.

3   *1*   *4* quatre.

4   *1*   *5* cinq.

5   *1*   *6* six.

6   *1*   *7* sept.

7   *1*   *8* huit.

8   *1*   *9* neuf.

9   *1*   *10* dix ou 1 *dizaine.*

Le caractère *0* se nomme *zéro.*

---

(1) Quand l'exercice n'est point accompagné de quelques définitions,
l'élève a pour *leçon* toutes les définitions qui précèdent. Alors le moni-
teur se servira du *questionnaire* placé à la fin du cahier.

Le signe + *signifie* plus.

» = » égale.

» — » moins.

1 pomme,	+	2 pommes,	=		pommes.
2 pommes,	+	2	»	=	»
3 »	+	2	»	=	»
4 »	+	2	»	=	»
5 »	+	2	»	=	»
6 »	+	2	»	=	»
7 »	+	2	»	=	»
8 »	+	2	»	=	»

3 pommes,	—	2 pommes,	=		pomme.
4 »	—	2	»	=	pommes.
5 »	—	2	»	=	»
6 »	—	2	»	=	»
7 »	—	2	»	=	»
8 »	—	2	»	=	»
9 »	—	2	»	=	»
10 »	—	2	»	=	»

3. Les chiffres ont deux valeurs : la *valeur absolue*, indiquée par leur forme ; la *valeur relative*, indiquée par leur rang.

2e EXERCICE *de calcul mental et de calcul écrit.*

1 *dizaine* ou 10 et 1 font 11 onze.

11 » 1 » 12 douze.

12 » 1 » 12 treize.

13 » 1 » 14 quatorze.

14 et 1 font 15 quinze.
15 » 1 » 16 seize.
16 » 1 » 17 dix-sept.
17 » 1 » 18 dix-huit.
18 » 1 » 19 dix-neuf.
19 » 1 » 20 vingt ou 2 *dizaines*.

1	poire,	+	3	poires,	=	poires.
2	poires,	+	3	»	=	»
3	»	+	3	»	=	»
4	»	+	3	»	=	»
5	»	+	3	»	=	»
6	»	+	3	»	=	»
7	»	+	3	»	=	»
8	»	+	3	»	=	»
9	»	+	3	»	=	»

4	poires,	—	3	poires,	=	poire.
5	»	—	3	»	=	poires.
6	»	—	3	»	=	»
7	»	—	3	»	=	»
8	»	—	3	»	=	»
9	»	—	3	»	=	»
10	»	—	3	»	=	»
11	»	—	3	»	=	»
12	»	—	3	»	=	»

3ᵉ EXERCICE *de calcul mental et de calcul écrit.*

2 *dizaines* ou 20 et 1 font 21 vingt-un.
21 » 1 » 22 vingt-deux.

22 et 1 font 23 vingt-trois.
23 » 1 » 24 vingt-quatre.
24 » 1 » 25 vingt-cinq.
25 » 1 » 26 vingt-six.
26 » 1 » 27 vingt-sept.
27 » 1 » 28 vingt-huit.
28 » 1 » 29 vingt-neuf.
29 » 1 » 30 trente ou 3 *dizaines*.

---

1 noix, + 4 noix, = noix.
2 » + 4 » = »
3 » + 4 » = »
4 » + 4 » = »
5 » + 4 » = »
6 » + 4 » = »
7 » + 4 » = »
8 » + 4 » = »
9 » + 4 » = »

---

5 noix, — 4 noix, = noix.
6 » — 4 » = »
7 » — 4 » = »
8 » — 4 » = »
9 » — 4 » = »
10 » — 4 » = »
11 » — 4 » = »
12 » — 4 » = »
13 » — 4 » = »

A.

4e EXERCICE *de calcul mental et de calcul écrit,*

3 *dizaines* ou 30 et 1 font 31 trente-un.

31 » 1 » 32 trente-deux.
33 » 1 » 33 trente-trois.
33 » 1 » 34 trente-quatre.
34 » 1 » 35 trente-cinq.
35 » 1 » 36 trente-six.
36 » 1 » 37 trente-sept.
37 » 1 » 38 trente-huit.
38 » 1 » 39 trente-neuf.
39 » 1 » 40 quarante ou 4 *dizaines*

1 cerise, + 5 cerises, = cerises.

2 cerises, + 5 » = »

3 » + 5 » = »

4 » + 5 » = »

5 » + 5 » = »

6 » + 5 » = »

7 » + 5 » = »

8 » + 5 » = »

9 » + 5 » = »

6 cerises, — 5 cerises, = cerise.

7 » — 5 » = cerises.

8 » — 5 » = »

9 » — 5 » = »

10 » — 5 » = »

11 » — 5 » = »

12 » — 5 » = »

13 cerises, — 5 cerises, =   cerises.

14 » — 5 » =   »

5e EXERCICE *de calcul mental et de calcul écrit.*

4 *dizaines* ou 40 et 1 f. 41 quarante-un.

             41 » 1 » 42 quarante-deux.

             42 » 1 » 43 quarante-trois

             43 » 1 » 44 quarante-quatre.

             44 » 1 » 45 quarante-cinq.

             45 » 1 » 46 quarante-six.

             46 » 1 » 47 quarante-sept.

             47 » 1 » 48 quarante-huit.

             48 » 1 » 40 quarante-neuf.

             46 » 1 » 50 cinquante ou 5 *dizaines*

1 pêche, + 6 pêches, =   pêches.

2 pêches, + 6 » =   »

3 » + 6 » =   »

4 » + 6 » =   »

5 » + 6 » =   »

6 » + 6 » =   »

7 » + 6 » =   »

8 » + 6 » =   »

9 » + 6 » =   »

7 pêches, — 6 pêches, =   pêche.

8 » — 6 » =   pêches.

9 » — 6 » =   »

10 » — 6 » =   »

11 » — 6 » =   »

12 » — 6 » =   »

13 pêches, — 6 pêches, =   pêches.

14 » — 6 » =   »

15 » — 6 » =   »

6ᵉ EXERCICE *de calcul mental et de calcul écrit.*

5 *dizaines* ou 50 et 1 font 51 cinquante-un.

        51 » 1 » 52 cinquante-deux.

        52 » 1 » 53 cinquante-trois.

        53 » 1 » 54 cinquante-quatre.

        54 » 1 » 55 cinquante-cinq.

        55 » 1 » 56 cinquante-six.

        56 » 1 » 57 cinquante-sept.

        57 » 1 » 58 cinquante-huit.

        58 » 1 » 59 cinquante-neuf.

        59 » 1 » 60 soixante ou 6 *dizaines.*

---

1 figue, + 7 figues, =   figues.

2 figues, + 7 » =   »

3 » + 7 » =   »

4 » + 7 » =   »

5 » + 7 » =   »

6 » + 7 » =   »

7 » + 7 » =   »

8 » + 7 » —   »

9 » + 7 » =   »

8 figues, — 7 figues, =   figue.

9 » — 7 » =   figues.

10 » — 7 » =   »

11 » — 7 » =   »

12 » — 7 » =   »

`13 figues, — 7 figues, = figues.
14 » — 7 » = »
15 » — 7 » = »
16 » — 7 » = »

7ᵉ EXERCICE *de calcul mental et de calcul écrit.*

6 *dizaines* ou 60 et 1 font 61 soixante-un.
61 » 1 » 62 soixante-deux.
62 » 1 » 63 soixante-trois.
63 » 1 » 64 soixante-quatre.
64 » 1 » 65 soixante-cinq.
65 » 1 » 66 soixante-six.
66 » 1 » 67 soixante-sept.
67 » 1 » 68 soixante-huit.
68 » 1 » 69 soixante-neuf.
69 » 1 » 70 soixante-dix ou 7 *dizaines*

1 raisin, + 8 raisins, = raisins.
2 » + 8 » = »
3 » + 8 » = »
4 » + 8 » = »
5 » + 8 » = »
6 » + 8 » = »
7 » + 8 » = »
8 » + 8 » = »
9 » + 8 » = »

9 raisins, — 8 raisins, = raisin.
10 » — 8 » = raisins.
11 » — 8 » = »
12 » — 8 » = »

13 raisins, — 8 raisins, =   raisins.
14   » — 8   » =   »
15   » — 8   » =   »
16   » — 8   » =   »
17   » — 8   » =   »

8° EXERCICE *de calcul mental et de calcul écrit.*

7 *dizaines* ou 70 et 1 f. 71 soixante-onze.
71 » 1 » 72 soixante-douze.
72 » 1 » 73 soixante-treize.
73 » 1 » 74 soixante-quatorze.
74 » 1 » 75 soixante-quinze.
75 » 1 » 76 soixante-seize.
76 » 1 » 77 soixante-dix-sept.
77 » i » 78 soixante-dix-huit.
78 » 1 » 79 soixante-dix-neuf.
79 » 1 » 80 quatre-vingts ou 8 *dizaines*

1 prune, + 9 prunes, =   prunes.
2 prunes, + 9   » =   »
3   » + 9   » =   »
4   » + 9   » =   »
5   » + 9   » =   »
6   » + 9   » =   »
7   » + 6   » =   »
8   » + 9   » =   »
9   » + 9   » =   »

10 prunes, — 9 prunes, =   prune.
11   » — 9   » =   prunes.
12   » — 9   » =   »

13 prunes, — 9 prunes, $=$ prunes.
14 » — 9 » $=$ »
15 » — 9 » $=$ »
16 » — 9 » $=$ »
17 » — 9 » $=$ »
18 » — 9 » $=$ »

9ᵉ EXERCICE *de calcul mental et de calcul écrit.*

8 *dizaines* ou 80 et 1 font 81 quatre-vingt-un.
81 » 1 » 82 quatre-vingt-deux.
82 » 1 » 83 quatre-vingt-trois.
83 » 1 » 84 quatre-vingt-quatre.
84 » 1 » 85 quatre-vingt-cinq.
85 » 1 » 86 quatre-vingt-six.
86 » 1 » 87 quatre-vingt-sept.
87 » 1 » 88 quatre-vingt-huit.
88 » 1 » 89 quatre-vingt-neuf.
89 » 1 » 90 quatre-vingt-dix ou
                   9 *dizaines.*

1 amande, $+$ 10 amandes, $=$ amandes.
2 amandes, $+$ 10 » $=$ »
3 » $+$ 10 » $=$ »
4 » $+$ 10 » $=$ »
5 » $+$ 10 » $=$ »
6 » $+$ 10 » $=$ »
7 » $+$ 10 » $=$ »
8 » $+$ 10 » $=$ »
9 » $+$ 10 » $=$ »

11 amandes, — 10 amandes, $=$ amande.

12 » — 10 » $=$ amandes.

13 » — 10 » $=$ »

14 » — 10 » $=$ »

15 » — 10 » $=$ »

16 » — 10 » $=$ »

17 » — 10 » $=$ »

18 » — 10 » $=$ »

19 » — 10 » $=$ »

10e EXERCICE *de calcul mental et de calcul écrit.*

9 *dizaines* ou 90 et 1 font 91 quatre-vingt-onze.

91 » 1 » 92 quatre-vingt-douze.

92 » 1 » 93 quatre-vingt-treize.

93 » 1 » 94 quatre-vingt-quatorze.

94 » 1 » 95 quatre-vingt-quinze.

95 » 1 » 96 quatre-vingt-seize.

96 » 1 » 97 quatre-vingt-dix-sept.

97 » 1 » 98 quatre-vingt-dix-huit.

98 » 1 » 99 quatre-vingt-dix-neuf.

99 » 1 » 100 cent ou 1 *centaine.*

---

1 dizaine, $+$ 1 dizaine, $=$ dizaines ou unités.

2 dizaines, $+$ 1 » $=$ » »

3 » $+$ 1 » $=$ » »

4 » $+$ 1 » $=$ » »

5 » $+$ 1 » $=$ » »

6 » $+$ 1 » $=$ » »

7 » $+$ 1 » $=$ » »

8 dizaines, $+$ 1 dizaine, $=$ dizaines ou   unités.

9   » $+$ 1   » $=$ »   ou *cen-taine*.

4. Ainsi, pour former les *neuf premiers nombres*, on a imaginé neuf signes particuliers, et, pour former *tous les autres nombres* au moyen de ces mêmes signes, on est convenu que de *dix unités simples* on en ferait une seule, à laquelle on donnerait le nom de *dizaine;* que de dix unités de dizaine on en ferait une seule, que l'on appellerait *centaine;* que de dix centaines on en ferait *un mille*, etc.

5. On parvient à exprimer *tous les nombres possibles* avec *dix caractères*, en admettant qu'un chiffre placé à la gauche d'un autre exprime une quantité *dix fois plus grande* que celui de même forme qui le suit immédiatement à droite.

Exemple :

1   1   1   cent onze.
centaine   dizaine   unité

11e EXERCICE *de calcul mental et de calcul écrit.*

1 *centaine* ou 100 et 1 font 101 cent un.

101 » 1 » 102 cent deux.

102 » 1 » 103 cent trois.

103 et 1 font 104 cent quatre.

104 » 1 » 105 cent cinq.

105 » 1 » 106 cent six.

106 » 1 » 107 cent sept.

107 » 1 » 108 cent huit.

108 » 1 » 109 cent neuf.

109 » 1 » 110 cent dix.

110 » 1 » 111 cent onze.

111 » 1 » 112 cent douze.

112 » 1 » 113 cent treize.

113 » 1 » 114 cent quatorze.

114 » 1 » 115 cent quinze.

115 » 1 » 116 cent seize.

116 » 1 » 117 cent dix-sept.

117 » 1 » 118 cent dix-huit.

118 » 1 » 119 cent dix-neuf.

119 » 1 » 120 cent vingt ou 1 *centaine*
et 2 *dizaines.*

12e EXERCICE *de calcul mental et de calcul écrit.*

1 centaine, $+$ 1 cent. $=$ cent. ou   unités.

2 centaines, $+$ 1 » $=$ »   »

3   » $+$ 1 » $=$ »   »

4   » $+$ 1 » $=$ »   »

5   » $+$ 1 » $=$ »   »

6   » $+$ 1 » $=$ »   »

7   » $+$ 1 » $=$ »   »

8   » $+$ 1 » $=$ »   »

9   » $+$ 1 » $=$ »   *mille* ou   *unité*
de *mille.*

EXERCICES DES DEUX NUMÉRATIONS
sans combinaisons difficiles.

—

6. Un *nombre entier* est celui qui ne contient que des unités *entières*.

7. Pour lire un nombre entier composé de plus de trois chiffres, on le partage par la pensée ou par un point en tranches de trois chiffres, à partir de la droite, sauf à ne laisser qu'un ou deux chiffres dans la dernière tranche ; on énonce successivement les différentes tranches, à partir de la gauche, et on ajoute, à la fin de chacune, le nom qui lui convient.

8. Les trois chiffres de chaque tranche se nomment *unité, dizaine, centaine.*

Exemple :

10	100	100	100	100	100	100
d.u.	c.d.u.	c.d.u.	c.d.u.	c.d.u.	c.d.u.	c.d.u.
quintillions	quatrillions	trillions	billions	millions	mille	unités.

9. Pour écrire en chiffres un nombre entier énoncé en langage ordinaire, il faut considérer les différentes espèces d'unités dont se compose le nombre, lès écrire successivement, à

partir de la gauche, en ayant soin de rempla-
cer par des zéros les unités qui pourraient
manquer.

*Écrire en chiffres les nombres suivants écrits en lettres,
lire ensuite les nombres écrits en chiffres.*

13ᵉ EXERCICE.

Onze . . . .
Dix-huit . . . .
Dix-sept . . . .
Quarante-six. . . . .
Quatre-vingt-dix-neuf. . . . .
Vingt-cinq . . . .
Soixante-quatorze . . . .
Quatre-vingt-un . . . .
Dix-neuf. . . . .
Vingt-sept . . . .

14ᵉ EXERCICE.

Trente-six . . . .
Quarante-neuf . . . .
Quatre-vingt-deux . . . .
Quarante-cinq . . . .
Vingt-un . . . .
Quarante-huit . . . .
Soixante-quinze. . . . .
Trente-neuf. . . . .

Quarante-sept . . . .
Cinquante-deux. . . . .

15ᵉ EXERCICE.

Deux cent soixante-douze . . . .
Trois cent quatre-vingt-dix-sept. . . . .
Cinq cent vingt-deux . . . .
Sept cent treize. . . . .
Huit cent quarante-cinq . . . .
Cent cinquante-sept . . . .
Quatre cent soixante-neuf. . . . . . .
Sept cent dix-sept . . . .
Deux cent quatre-vingt-cinq . . . . . .
Quatre cent soixante-neuf. . . . . . .

16ᵉ EXERCICE.

Quatre cent cinquante-huit . . . . . .
Sept cent cinquante-un . . . .
Huit cent quatre-vingt-cinq . . . . . .
Six cent cinquante-huit . . . .
Quatre cent soixante-sept. . . . . . .
Cent soixante-neuf. . . . .
Deux cent trente-un . . . .
Quatre cent quinze. . . . .
Cinq cent soixante-trois . . . . . .
Sept cent cinquante-trois. . . . . . .

17ᵉ EXERCICE.

Cent cinquante-neuf . . . . . .
Deux cent vingt-un . . . . . .
Cinq cent quatre-vingt-treize. . . . .
Sept cent vingt-quatre. . . . .
Huit cent quatre-vingt-deux . . . .
Six cent soixante-huit. . . . .
Trois cent quarante-sept . . . .
Six cent vingt-huit . . . . . .
Huit cent quatre-vingt-onze . . . .
Trois cent vingt-trois . . . . .

18ᵉ EXERCICE.

Sept cent quatre-vingt-treize . . . .
Cent soixante-neuf . . . . .
Quatre cent soixante-onze . . . .
Neuf cent quatre-vingt-trois . . . .
Cent soixante-seize. . . . .
Six cent cinquante-quatre . . . .
Sept cent quatre-vingt-deux . . . .
Huit cent quatre-vingt-quinze . . . .
Huit cent quatre-vingt-six. . . . .
Deux cent cinquante-deux . . . .

19ᵉ EXERCICE.

Trois mille huit cent quarante-cinq . . .
Huit mille cent soixante-trois. . . . .
Trois mille six cent soixante-dix-sept . . .
Quatre mille neuf cent soixante-un . . . .
Mille sept cent vingt-six . . . . .
Mille six cent douze . . . .
Cinq mille huit cent quinze . . . . .
Deux mille neuf cent vingt-six . . . .
Cinq mille huit cent trente-cinq . . . . .
Deux mille huit cent dix-neuf. . . . .

20ᵉ EXERCICE.

Trois mille cent quatre-vingt-deux . . . .
Deux mille neuf cent seize. . . . . .
Mille trois cent quarante-sept. . . . .
Trois mille deux cent soixante-neuf. . . .
Huit mille cent cinquante-huit . . . . .
Neuf mille trois cent trente-quatre . . . .
Trois mille cinq cent vingt-neuf . . . . .
Deux mille neuf cent trente-deux . . . .
Sept mille cent quarante-cinq. . . . .
Neuf mille deux cent soixante-huit . . . .

21ᵉ EXERCICE.

Cinquante-trois mille cinq cent vingt-cinq . .
Soixante-cinq mille huit cent trente-sept . .

Trente-deux mille six cent quatre-vingt-un
Vingt-six mille neuf cent vingt-quatre . . .
Quatorze mille trois cent cinquante-sept . .
Trente-quatre mille trois cent vingt-sept . . .
Quarante-un mille six cent quatorze. . . . .
Soixante-seize mille trois cent vingt-un . . .
Quatre-vingt-treize mille six cent quatorze. .
Vingt-deux mille sept cent quatre-vingt-un . .

22ᵉ EXERCICE.

Soixante-dix-neuf mille deux cent soixante-un.
Quatorze mille huit cent quarante-sept . . .
Cinquante-neuf mille cinq cent dix-sept. .
Vingt-un mille trois cent soixante-quatorze.
Trente-deux mille quatre cent quatre-vingt-six.
Quarante-deux mille neuf cent soixante-un .
Trente-six mille cent trente-cinq. . . . .
Soixante-dix-huit mille sept cent trente-deux. .
Quatre-vingt-un mille cinq cent onze . . . .
Quarante-deux mille six cent trente-cinq . .

23ᵉ EXERCICE.

Cent quarante-cinq mille sept cent quatre-
vingt-trois . . . .
Quatre cent soixante-sept mille neuf cent dix-
neuf . . . .

Six cent vingt-quatre mille six cent vingt-un .

Neuf cent soixante-douze mille cinq cent quarante-cinq . . . .

Cent quatre-vingt-quinze mille quatre cent
soixante-sept . . . .

Cinq cent trente-huit mille six cent soixante-
dix-neuf . . . .

Deux cent quatre-vingt-onze mille huit cent
quatre-vingt-quatorze . . . . .

Sept cent treize mille cent trente-deux . . .

Trois cent trente-six mille trois cent cinquante-
trois. . . . .

Huit cent vingt-huit mille deux cent quatre-
vingt-quinze . . . .

EXERCICES DES DEUX NUMÉRATIONS

avec combinaisons difficiles.

—

*Ecrire en chiffres les nombres suivants écrits en lettres,
lire ensuite les nombres écrits en chiffres.*

24ᵉ EXERCICE.

Neuf cent vingt . . . .

Deux cent dix . . . .

Cinq cent quarante. . . . . . .

A..

Sept cent cinquante . . . .

Huit cent soixante . . . .

Cent soixante-dix . . . . . .

Trois cent quatre-vingts . . . . .

Six cent trente . . . . . .

Quatre cent quatre-vingt-dix. . . . . .

Cent . . . .

25° EXERCICE.

Quatre mille soixante . . . . . .

Six mille dix . . . .

Trois mille un . . . .

Vingt-un mille quarante . . . . . .

Cinq mille trois . . . . . .

Mille quatre . . . .

Quatre mille quatre-vingt-dix. . . . . .

Huit mille cinq . . . . . .

Neuf mille cinquante. . . . . .

Deux mille quatre cents . . . . .

26ᵉ EXERCICE.

Six mille soixante . . . . . .

Deux mille vingt-quatre . . . . . .

Sept mille trente. . . . . .

Trois mille cinquante-deux . . . . .

Neuf mille soixante-dix. . . . . .

Mille huit cent dix . . . . . .

Deux mille cinquante . . . . . .

Mille cinq . . . .
Sept mille quarante-huit . . . .
Quatre mille trois . . . .

27ᵉ EXERCICE.

Cinq mille cent . . . .
Neuf mille dix . . . .
Sept mille cinquante-quatre. . . . . . .
Six mille neuf . . . .
Mille trente . . . .
Deux mille quarante. . . . .
Quatre mille trois cents . . . .
Trois mille huit . . . .
Mille vingt-cinq . . . .
Trois mille deux cents . . . .

28ᵉ EXERCICE.

Soixante-un mille sept . . . .
Vingt mille quatre cents . . . .
Quatre-vingt mille dix-neuf . . . . . .
Quatre-vingt-dix mille cinq cents . . . .
Soixante-quatorze mille six cents . . . .
Soixante mille neuf cent quatre . . . . .
Quatre-vingt-onze mille six . . . . . .
Soixante mille sept cent soixante-neuf . . .
Cinquante mille sept. . . . .
Trente mille huit cent trente . . . . . .

29ᵉ EXERCICE.

Quatre-vingt mille quatre-vingt-dix . . . . .
Neuf mille trois cent quatre . . . . .
Quarante mille huit cents . . . . .
Quatre-vingt-dix mille cinq . . . . .
Soixante-onze mille sept . . . . .
Quarante-deux mille six cents. . . . .
Soixante mille six . . . . .
Quatorze mille . . . . .
Quarante mille sept . . . . .
Soixante-dix mille vingt . . . . .

30ᵉ EXERCICE.

Soixante-dix mille neuf . . . . .
Soixante mille quarante. . . . .
Quarante mille six . . . . .
Cinquante mille dix-sept . . . . .
Trente mille cent trente. . . . .
Soixante-dix mille vingt-un . . . . .
Quarante mille huit . . . . .
Quatre-vingt-dix mille trois cent six. . . . .
Trente mille trois . . . . .
Vingt mille cinquante . . . . .

31ᵉ EXERCICE.

Soixante-cinq mille neuf . . . . .
Quatre-vingt mille quarante . . . . .

Soixante-dix mille cent soixante-dix. . . .

Soixante mille cinq cent trente . . . . .

Cinquante-quatre mille quatre . . . .

Vingt mille quatre . . . .

Quatre-vingt-dix mille quatre . . . .

Vingt mille soixante. . . . . . .

Trente mille cent trois . . . . . .

Quarante mille quatre cent. . . . . .

32e EXERCICE.

Trois cent quatre mille soixante-dix . . .

Deux cent sept mille cinq cent quatre. . .

Neuf cent quatre-vingt mille neuf. . . .

Deux cent quatre mille trois cent sept . .

Cent mille sept cents. . . . . . .

Cinq cent quarante mille dix . . . . .

Sept cent sept mille six cent neuf . . . .

Neuf cent sept mille quatre. . . . . .

Sept cent mille cinquante-un . . . . .

Deux cent neuf mille trois . . . . . .

33e EXERCICE.

Neuf cent mille sept cent soixante. . . .

Cinq cent trente mille deux cent trois . .

Deux cent mille quarante-sept . . . .

Neuf cent neuf mille un . . . . . .

Sept cent mille sept cent quatre . . . .

Six cent quatre mille cinquante . . . .

A...

Quatre cent soixante mille neuf cent huit   .
Sept cent mille deux.   .   .   .   .
Deux cent mille cent quarante-sept   .   .   .
Cinq cent trois mille dix-neuf .   .   .   .   .

34ᵉ EXERCICE.

Cinq cent quatre millions sept mille dix .
Quatre billions trois millions quatre mille
Deux cents millions sept cent cinq   .   .
Cinq cents millions trois cent neuf   .   .
Cent quatre millions neuf mille quarante
Deux billions neuf mille quarante   .   .
Quatre billions quatre mille quatre .   .
Trois billions cinq mille.   .   .   .   .   .
Trois cents millions six cent mille quatre
Quarante millions trois cent mille neuf .

35ᵉ EXERCICE.

Neuf cent millions un   .   .   .   .   .   .
Un billion deux mille cinq .   .   .   .   .
Huit millions quarante .   .   .   .   .   .
Neuf millions quatre-vingt-dix mille trois
Deux billions quatre cent quatre .   .   .   .
Quatre-vingt-dix millions trente mille   .
Cent millions vingt mille trois cent neuf.
Huit millions un   .   .   .   .
Trente millions neuf mille .   .   .   .   .
Quatre billions un million quatre cents.

EXERCICES

SUR LES DEUX NUMÉRATIONS DES DÉCIMALES

sans combinaisons difficiles.

—

10. Un *nombre décimal* est celui qui contient des unités entières et des décimales.

11. On entend par décimales les divisions de l'unité en dix, cent, mille parties égales.

Ainsi, un *dixième* d'orange est la dixième partie d'une orange, il faudrait dix de ces parties pour faire une orange.

Un *centième* de feuille est la centième partie d'une feuille, il faudrait cent de ces parties pour faire une feuille.

Un *millième* est la millième partie de l'unité, il faudrait mille de ces parties pour faire une unité.

12. Pour lire un nombre décimal, il faut d'abord énoncer la partie entière, puis la partie décimale comme si elle exprimait un nombre entier, et enfin ajouter le nom de l'unité de la dernière subdivision décimale.

13. Un nombre décimal s'écrit comme un nombre entier, seulement il faut avoir soin de séparer par une virgule la partie entière de la partie décimale.

14. Si le nombre ne contenait pas de partie entière, on la remplacerait par un zéro.

Écrire en chiffres les nombres suivants écrits en lettres,
lire ensuite les nombres écrits en chiffres.

36° EXERCICE.

Soixante-treize unités vingt-cinq centièmes .

Cinquante-quatre unités quatre-vingt-quinze centièmes . . . .

Quatre cent vingt-sept unités vingt-quatre centièmes . . . .

Trente-neuf unités seize centièmes . . . .

Huit unités vingt-neuf centièmes . . . .

Quatre-vingt-cinq centièmes . . . . .

Cent seize unités cinquante-six centièmes .

Neuf unités quatre-vingt-douze centièmes .

Dix-huit unités quatre-vingt-dix-neuf centièmes . . . .

Cinq cent douze unités trente-trois centièmes .

37° EXERCICE.

Dix-neuf unités onze centièmes . . . . .

Vingt-quatre unités cinquante-trois centièmes.

Sept unités trois dixièmes . . . .

Trois cent vingt-cinq unités quatre-vingt-cinq
    centièmes . . . .

Dix-huit unités sept cent quatorze millièmes .

Huit unités neuf dixièmes. . . . . . .

Trente-deux unités soixante-deux centièmes .

Sept cent quarante huit unités vingt-six cen-
    tièmes . . . .

Soixante-neuf unités quatre cent vingt-six
    millièmes . . . .

Cinquante-deux unités quatre-vingt-quinze
    centièmes . . . .

38ᵉ EXERCICE.

Quatre-vingt-treize unités quarante-neuf cen-
    tièmes. . . . .

Cent quarante-six unités sept dixièmes . . .

Cinq cent quatre-vingt-treize unités six cent
    vingt-un millièmes . . . .

Quarante-trois unités trente-quatre centièmes.

Six unités cinq dixièmes . . . .

Neuf unités cent vingt-quatre millièmes . .

Six cent soixante-onze unités quatre-vingt-
    onze centièmes . . . .

Quarante-trois unités quatre cent trente-sept
    millièmes. . . . .

Cinq unités six dixièmes . . . .

Cinq cent quarante-trois unités cinq cent qua-
    torze millièmes . . . .

39ᵉ EXERCICE.

Dix-neuf unités quatre-vingt-quatorze centièmes. . . . .

Cent quarante-trois unités cinq dixièmes .

Six cent quatorze unités six mille cent trente-
deux dix-millièmes. . . . .

Neuf unités quatre cent trente-sept millièmes

Vingt-quatre unités quarante-un centièmes.

Une unité cinq mille trois cent trente-quatre
dix-millièmes . . . .

Deux cent trente-quatre unités soixante-dix-
sept centièmes . . . .

Soixante-trois unités quatre cent trente-un
millièmes . . . .

Mille neuf cent quarante-une unités cinq
mille deux cent seize dix-millièmes. . .

Soixante-sept unités huit dixièmes . . .

40ᵉ EXERCICE.

Quarante-huit unités cinq mille neuf cent
quarante-trois dix-millièmes . . . .

Cinq cent quinze unités cinquante-trois centièmes . . . .

Quatre-vingt-treize unités huit cent quarante-un millièmes . . . .

Six cent quatre-vingt-dix-sept unités six
dixièmes. . . . .

Quatre-vingt-deux unités neuf mille trois
cent soixante-dix-huit dix-millièmes . .

Sept unités quatre mille cinq cent soixante-
neuf dix-millièmes. . . . . . .

Soixante-deux unités sept mille trois cent
vingt-un dix-millièmes . . . . .

Cent quarante-neuf unités sept dixièmes .

Cinquante-trois unités quatre-vingt-dix-huit
centièmes . . . .

Neuf cent dix-sept unités quatre cent quatre-vingt-onze millièmes. . . . .

41ᵉ EXERCICE.

Soixante-huit unités six cent quarante-trois
millièmes . . . .

Neuf unités soixante-quatorze centièmes. .

Sept cent soixante-sept unités neuf dixièmes.

Quarante-deux unités sept mille six cent
treize dix-millièmes . . . . . .

Cinq unités mille six cent trente-quatre dix-
millièmes . . . .

Six unités trois dixièmes . . . . .

Cinquante-huit unités sept cent cinquante-
huit millièmes . . . .

Cinq cent vingt-une unités six cent quarante-
neuf millièmes. . . . .

Quarante-sept unités mille neuf cent quinze
dix-millièmes . . . .

Six cent quarante-trois unités soixante-treize
centièmes . . . .

42ᵉ EXERCICE.

Cinquante-deux unités quatre-vingt-onze
centièmes . . . . . .

Sept unités huit dixièmes . . . . .

Neuf cent soixante-quatre unités six cent
quarante-trois millièmes. . . . . .

Soixante-dix-neuf unités vingt-neuf centièmes

Onze unités cinq mille quatre cent soixante-
treize dix-millièmes . . . . . .

Trente-neuf unités neuf mille quatre cent
quatre-vingt-trois dix-millièmes . . .

Cent onze unités vingt-neuf centièmes . .

Vingt-deux unités cinq cent quarante-six
millièmes . . . .

Cinq unités huit mille cent soixante treize
dix-millièmes . . . .

Trente unités cinquante-huit centièmes . .

De la virgule.

15. Le rôle de la *virgule* dans les nombres
décimaux est de séparer les unités entières des
unités décimales.

16. En avançant la virgule d'un, de deux,

de trois rangs vers la droite, le nombre devient dix, cent, mille fois plus fort.

En reculant la virgule d'un, de deux, de trois rangs vers la gauche, le nombre devient dix, cent, mille fois plus faible.

Exemple :

Soit le nombre 27,45

Si l'on met la virgule à la droite du 4,

    on a 274,5

Les dizaines deviennent des centaines, les unités des dizaines, etc.

Si l'on met la virgule à la gauche du 7,

    on a 2,745

Les dizaines deviennent des unités, les unités des dixièmes, les dixièmes des centièmes, etc.

Rendre les nombres suivants dix, cent, mille fois plus forts, et dix, cent, mille fois plus faibles.

Exemple :

	Plus forts.			Plus faibles.		
4321,234	10	100	1000	10	100	1000
	43212,34	432123,4	4321234	432,1234	43,21234	4,321234

B

43e EXERCICE.

	Plus forts.			Plus faibles.		
	10	100	1000	10	100	1000
4609,432						
209,3072						
7067,0994						
400,340						
1703,294						
30045,670						
920,456						
704930,962						
5070,034						
900,567						

44ᵉ EXERCICE.

	Plus forts.				Plus faibles.	
	10	100	1000	10	100	1000
321,421						
409,0037						
607,0030						
7094,375						
5004,3089						
709,437						
904,938						
704,9059						
4060,215						
7094,4027						

Du zéro.

17. Le *zéro* n'a aucune valeur par lui-même. Il a pour rôle de donner aux chiffres leur valeur relative, sans laquelle il serait impossible d'exprimer certains nombres.

18. En ajoutant un, deux, trois zéros à la droite d'un nombre entier, on le rend dix, cent, mille fois plus fort; on le rend au contraire dix, cent, mille fois plus faible en retranchant à sa droite un, deux, trois zéros.

Exemple :

1	une unité simple.	1000	une unité de mille
10	une unité de di- zaine.	100	une unité de cen- taine.
100	une unité de cen- taine.	10	une unité de di- zaine.
1000	une unité de mille	1	une unité simple.

Rendre les nombres suivants dix, cent, mille fois plus grands, et dix, cent, mille fois plus petits. L'élève disposera sa page comme il l'a fait pour les exercices 43 et 44.

45ᵉ EXERCICE.

Plus forts. Plus faibles.

10	100	1000	10	100	1000

1.000
64.000
940.000
708.000
290.000
49.000
30.000
89.000
3.000
670.000

46e EXERCICE.

	Plus forts.			Plus faibles.	
	10	100	1000	10	100	1000

40.000

15.000

40.000

89.000

30.000

31.000

70.000

29.000

50.000

100.000

Du zéro dans les nombres décimaux.

19. On peut ajouter ou retrancher un nombre quelconque de zéros à la droite des décimales sans en changer la valeur. On aura 10, 100, 1000 fois plus de parties, mais ces parties seront 10, 100, 1000 fois plus petites ; le nombre changera, mais sa valeur restera la même.

Exemple :

0,1 *un dixième.*　　9,100 neuf unités *un dixième* ou cent millièmes

0,10 *un dixième* ou dix centièmes.　　9,10 neuf unités *un dixième* ou dix centièmes.

0,100 *un dixième* ou cent millièmes.　　9,1 neuf unités *un dixième.*

Ajouter un, deux zéros à la droite de chaque nombre dans l'exercice suivant, et rendre compte de ces nombres comme dans l'exemple.

47ᶜ EXERCICE.

4,5=

4,50=

4,500=

0,02=

$$0,020 =$$
$$0,0200 =$$
$$25,15 =$$
$$25,150 =$$
$$25,1500 =$$
$$0,25 =$$
$$0,250 =$$
$$0,2500 =$$
$$0,009 =$$
$$0,0090 =$$
$$0,00900 =$$

EXERCICES

SUR LA NUMÉRATION ÉCRITE ET PARLÉE DES DÉCIMALES,
avec combinaisons difficiles.

—

Écrire en chiffres les nombres suivants écrits en lettres, lire ensuite les nombres écrits en chiffres.

48ᵉ EXERCICE.

Vingt-quatre unités cent cinq millièmes. . .
Cent quarante unités cinq centièmes . . . .
Sept unités vingt-cinq dix-millièmes . . . .
Sept cent huit dix-millièmes . . . . .
Cinquante-quatre unités neuf cent quatre
    millièmes . . . .
Deux mille quatre dix-millièmes . . . .

Quatre unités cinq dix-millièmes . . . .

Cent cinq unités huit cent neuf dix-millièmes.

Quatre-vingt-quatorze unités quatre-vingt-
quinze millièmes . . . .

Neuf unités deux millièmes . . . . .

49e EXERCICE.

Cinq millièmes . . . .

Cinq unités cinq mille neuf cent-millièmes .

Quatre-vingt-quinze cent-millièmes . . .

Huit cent vingt unités neuf cent *dix-millièmes*

Quarante-sept unités neuf dix-millièmes. . .

Vingt-cinq unités huit millièmes . . . .

Cinq cents *millièmes*. . . . . . .

Dix unités sept cent neuf dix-millièmes . .

Cent quatre-vingts unités six dix-millièmes.

Neuf cent soixante *dix-millièmes* . . . .

50e EXERCICE.

Neuf mille sept cents *dix-millièmes* . . .

Quarante-six unités soixante-dix millièmes .

Neuf *cent-millièmes* . . . .

Six cent quarante unités neuf cent quatre
millièmes . . . .

Cinquante-cinq millièmes . . . . . .

Vingt-un dix-millièmes . . . .

Quarante-cinq millionièmes . . . . . .

Quarante-neuf unités deux cent vingt cent-
millièmes . . . .

B.

Sept unités huit mille neuf dix-millièmes
Un millionième

51ᵉ EXERCICE.

Cinq unités cinq millionièmes
Neuf unités cinq mille cinq cent sept millio-
   nièmes
Vingt-huit unités deux cent cinquante dix-
   millièmes.
Neuf dix-millièmes
Six unités sept mille huit cent-millièmes
Quarante-cinq unités cinquante dix-millièmes
Huit *cent-millièmes*
Dix mille deux cent trois millionièmes
Deux unités deux millionièmes
Quatre unités neuf mille deux *cent-millièmes.*

52ᵉ EXERCICE.

Vingt-cinq millionièmes
Sept unités sept mille soixante-dix cent-
   millièmes
Huit unités neuf dix-millièmes
Dix mille cent-millièmes
Un cent-millièmes
Six unités quarante mille quatre cent-mil-
   lièmes
Vingt-cinq unités deux cent cent-millièmes
Trois unités trois dix-millionièmes

Dix unités dix cent-millièmes . . . . .

Quatre unités un million un mille un dix-
millionième . . . .

53ᵉ EXERCICE.

Dix-sept unités dix sept millionièmes . . .

Dix millions *cent-millionièmes* . . . . .

Neuf unités cent cinquante cent-millièmes.

Trente-trois cent-millièmes . . . . . .

Quatre unités quatre cents cent-millièmes. .

Quatre-vingt-dix-neuf *cent-millièmes* . . .

Sept unités quatre cent quarante mille cinquante-trois millionièmes . . . . . .

Six mille quatre cent quatre-vingt-deux
dix-millièmes . . . .

Dix-neuf unités trois cent quatre-vingt-
un dix-millièmes . . . .

Neuf unités vingt-sept dix-millièmes . . .

54ᵉ EXERCICE.

Neuf mille cinquante-sept . . . . . .

Quatre-vingt-sept centièmes . . . . .

Un million cinq mille. . . . .

Cent cinquante-trois unités quatre-vingt-
quinze centièmes . . . .

Deux millions quatre-vingt-quinze. . . .

Neuf cent une unités trente centièmes. . .

Trois millions sept mille cinq . . . . .

Trente mille sept . . . .
Cinquante centièmes . . . .
Neuf cent six mille neuf cent trois . . .

55e EXERCICE.

Six mille sept unités dix centièmes. . .
Trois cent mille sept cent neuf . . . .
Soixante-quinze centièmes . . . . .
Neuf cent sept mille sept cents. . . .
Quatre-vingt-dix mille sept cents unités
    sept centièmes . . . .
Soixante-dix-sept cent-millièmes . . .
Neuf millions sept mille six cent trois. .
Neuf cents cent-millièmes . . . . .
Neuf millions quatre-vingt-dix-neuf mille
    neuf . . . .
Vingt-cinq centièmes. . . . . . .

56e EXERCICE.

Cent millions trente-quatre . . . . .
Quatre mille cinq cents dix-millionièmes .
Dix mille trente-une unités sept centièmes.
Trois millions trois mille trois cent trois .
Neuf cent dix-neuf unités neuf millièmes.
Cinq cent cinquante dix-millionièmes . .
Trois millions quatre cents . . . . .
Un mille trente-deux unités quatre dix-
    millièmes. . . . .

Mille cinq cent cinq dix-millionièmes . .
Soixante-dix millions soixante-dix mille
   soixante-dix . . . .

57ᵉ EXERCICE.

Six cent quarante-trois millions sept . .
Un million neuf cent quarante-cinq
Quatre mille cinq dix-millionièmes . .
Trois millions six cent sept mille neuf.
Six mille six unités neuf mille neuf dix-
   millièmes. . . . .
Cinq cents millionièmes . . . , . .
Quatre-vingt-dix millions neuf mille qua-
   tre cent cinq. . . . .
Six cent quarante mille sept unités cinq
   millièmes. . . . .
Cinq cent mille millionièmes . . . .
Quatre-vingt-quinze unités six mille qua-
   tre cent trois millionièmes . . . .

58ᵉ EXERCICE.

Cinq cent-millièmes . . . . . .
Neuf unités cinquante mille quinze cent-
   millièmes. . . . .
Un million cinq cent soixante . . . .
Neuf cent sept unités trente-cinq dix-mil-
   lièmes. . . . .
Un million cinquante mille six cents . .
Sept cents millions neuf cent mille quatre
   cents . . . .

Quatre-vingt-quinze cent-millièmes . . . .
Trois cent sept mille neuf . . . . .
Cinq dix-millièmes. . . . . . .
Six cents millions sept cent mille deux cents.

59ᵉ EXERCICE.

Neuf cents unités cinquante dix-millièmes.
Trois cent vingt mille neuf . . . . .
Cinquante cent-millièmes . . . .
Trois cent trois unités neuf millièmes . .
Quatre millions quatre cent quatre mille
    quatre cent quatre . . . . . .
Soixante-quinze cent-millièmes. . . .
Trois millions quatre-vingt-dix mille
    soixante-dix . . . .
Trente millions quarante mille six cents .
Cinq cent mille cinq millionièmes . . .
Dix millions cinquante-trois . . . . .

NUMÉRATION ROMAINE.

20. On appelle *chiffres romains* les sept lettres dont les Romains se servaient pour représenter les nombres.

Ces lettres sont :

I	qui vaut	1
V	»	5
X	»	10
L	»	50
C	»	100
D	»	500
M	»	1000

21. Le cadran des horloges, des pendules et des montres porte ordinairement des chiffres romains.

EXERCICES

SUR LA

NUMÉRATION ÉCRITE ET PARLÉE DES CHIFFRES ROMAINS
sans combinaisons difficiles.

—

22. *Première règle.* Un chiffre placé à la droite d'un autre égal ou plus grand s'ajoute à lui.

Écrire en chiffres romains les nombres suivants écrits en chiffres arabes, lire ensuite les nombres écrits en chiffres romains.

60e EXERCICE.

2. . .		6. . .
3. . .		8. . .

12. . .	36. . .
17. . .	50. . .
22. . .	53. . .

61e EXERCICE.

61. . .	51. . .
56. . .	500. . .
100. . .	60. . .
156. . .	11. . .
65. . .	266. . .

62e EXERCICE.

53. . .	155. . .
101. . .	66. . .
13. . .	510. . .
501. . .	7. . .
550. . .	1.000. . .

63e EXERCICE.

52. . .	1.001. . .
530. . .	125. . .
1.005. . .	15. . .
26. . .	1.510. . .
517. . .	1.853. . .

EXERCICES

SUR LA

NUMÉRATION ÉCRITE ET PARLÉE DES CHIFFRES ROMAINS
avec combinaisons difficiles.

—

23. *Deuxième règle.* Tout chiffre placé à la gauche d'un autre de plus grande valeur que lui diminue celui-ci de la valeur du premier.

24. *Troisième règle.* Une lettre surmontée d'un trait vaut mille fois plus; de deux traits un million de fois plus, etc.

Écrire en chiffres romains les nombres suivants écrits en chiffres arabes, lire ensuite les nombres écrits en chiffres romains.

64ᵉ EXERCICE.

4...	514...
19...	9...
40...	1.049...
24...	64...
90...	14...

65ᵉ EXERCICE.

54...	59...
69...	34...
199...	74...

79. . .   49. . .
289. . .   1.400. . .

66e EXERCICE.

4.004. . .   900. . .
400. . .   20.000. . .
1.419. . .   6.054. . .
14.000. . .   10.001. . .
719. . .   2.001.001. .

67e EXERCICE.

49.550. . .   950. . .
50.000. . .   10.014. . .
419. . .   9.000. . .
3.044. . .   404. . .
909. . .   1.000.009. . .

68e EXERCICE.

5.000. . .   94.050. . .
1.404. . .   1.953. . .
499. . .   100.000. . .
2.090. . .   2.009. . .
4.631. . .   34.550. . .

69e EXERCICE.

12.354. . .   1.319. . .
500.000. . .   1.514. . .
999. . .   1.000.000. . .
49.440. . .   90. . .
1.804. . .   450. . .

70ᵉ EXERCICE.

90.000. . .	609. . .
1.814. . .	990. . .
1.019. . .	5.009. . .
3.900. . .	19.000. . .
1.834. . .	914. . .

71ᵉ EXERCICE.

1.190. . .	2.419. . .
499.000. . .	1.614. . .
13.400. . .	724. . .
54.001. . .	1.354. . .
24.500. . .	7.006.007 . .

EXERCICES CONTINUÉS SUR LA NUMÉRATION.

25. L'ARITHMÉQUE est la science des nombres.

26. Un *nombre* est une unité ou une réunion d'unités de même espèce.

27. L'*unité* est une mesure qui sert à évaluer une quantité de même espèce. Ainsi, dans 20 francs, l'unité est 1 franc ; dans 20 mètres, l'unité est 1 mètre.

28. On appelle *quantité* tout ce qui peut

s'évaluer, comme la longueur d'un mur, la sur-
face d'un plancher, la capacité ou contenance
d'une mesure, le poids d'un corps, une somme
d'argent.

29. *Calculer*, c'est composer et décomposer
les nombres.

72e EXERCICE.

Cent dix millions onze . . . . . .
Cinq cent soixante-deux cent-millièmes .
Neuf unités sept *cent-millièmes* . . . .
Deux mille trois cent quatre-vingt-dix-sept
    unités six cents cent-millièmes . . .
Quarante millions soixante-dix mille trente
    unités . . . .
Quatre cents millions neuf cent mille sept
    cents unités . . . .
Quarante millionièmes . . . . . .
Quatre-vingt-dix millions soixante mille
    trente unités . . . .
Cinquante mille cent-millièmes. . . .
Sept millions quatre dix-millièmes . . .

73e EXERCICE.

Trente millions six mille unités. . . .
Quatre mille sept unités cinquante-trois
    dix-millièmes . . . .
Quatre-vingt-dix millionièmes . . . .

Deux mille quatre unités quatre cent dix-
   millièmes . . . .
Cinquante-un cent-millièmes . . . .
Cinquante mille soixante-dix millionièmes.
Neuf unités cinq cent-millièmes. . . .
Soixante millions soixante-dix mille dix .
Neuf cent mille sept millionièmes . . .
Six millions sept mille deux dix-millio-
   nièmes . . . .

74ᵉ EXERCICE.

Quatre-vingt-dix mille sept cent sept . .
Trois cents millièmes . . . .
Trois cent mille quatre cent cinq . . .
Sept mille six cents dix-millièmes . . .
Quatre-vingt-dix cent-millièmes . . .
Trois millions sept cent mille quatre cent
   dix . . . .
Soixante mille soixante-dix cent-millièmes
Neuf cents cent-millièmes . . . . . .
Trois millions quatre cent cinquante mille
   neuf unités . . . .
Sept millions six cent trois . . . . . .

75ᵉ EXERCICE.

Quatre millions quatre cent cinquante
   mille sept . . . .
Quatre cent un cent-millièmes . . . .
Soixante mille soixante-dix unités quatre-
   vingt-quatorze dix-millièmes . . .

Soixante-dix mille trois unités trois cent
un cent-millièmes . . . . .

Soixante-un mille deux cents unités quatre
cent neuf cent-millièmes . . . .

Soixante cent-millièmes . . . . .

Neuf cents millions sept cent mille trois
cents . . . .

Sept cents millionièmes . . . . .

Quatre millions soixante-dix mille neuf
cents . . . .

Trente mille cent-millièmes . . . .

76ᵉ EXERCICE.

Trente millions quarante mille neuf cents.

Cent quatre cent-millièmes . . . .

Cinquante mille cinquante-sept cent-millièmes. . . . .

Sept cents millions neuf cent mille quatre
cent soixante. . . . . . .

Neuf cent mille quarante millionièmes .

Sept mille millionièmes . . . .

Sept cent quarante millions trois mille
vingt . . . .

Quatre cents millionièmes. . . . .

Trois mille dix unités neuf millions quatre mille dix-millionièmes . . .

Sept cent mille neuf cent sept cent-
millionièmes . . . . .

77ᵉ EXERCICE.

Sept cent mille sept cent neuf cent-millionièmes . . . .

Six cent sept millions quatre-vingt-dix
 mille quarante . . . .

Trois cent mille neuf cent quarante dix-
 millionièmes . . . .

Quatre millions cinq cent mille sept
 cent trois dix-millionièmes. . . .

Soixante-dix mille sept cent sept . . .

Soixante millions sept cent trois mille
 quatre . . . .

Trois cent soixante mille trente-six
 millionièmes . . . .

Quatre-vingt-dix mille quatre cent sept
 cent-millionièmes . . . . . .

Douze unités un million un mille un bil-
 lionième . . . .

Trois unités huit cent quarante millions
 neuf mille quatre billionièmes . .

Petits problèmes de calcul mental et de calcul écrit.

30. Les *opérations fondamentales* de l'A-
rithmétique sont : l'ADDITION, la SOUSTRACTION,
la MULTIPLICATION et la DIVISION.

31. On les appelle fondamentales parce

qu'on ne peut calculer qu'au moyen de ces quatres règles.

32. Un *problème* est une *question* proposée dont on demande la *réponse*.

33. Entre la *solution* et le *calcul* il y a cette différence, que la *solution* est l'indication trouvée par un raisonnement des opérations à effectuer, et que le *calcul* est l'exécution de ces opérations. Cependant on donne quelquefois le nom de *solution* à l'ensemble des raisonnements et des opérations.

EXERCICES

78ᵉ	79ᵉ
$6 + 4 =$	$8 - 3 =$
$2 + 5 =$	$4 - 2 =$
$7 + 3 =$	$5 - 1 =$
$4 + 5 =$	$6 - 4 =$
$3 + 5 =$	$7 - 6 =$
$7 + 2 =$	$9 - 4 =$
$2 + 3 =$	$3 - 1 =$
$5 + 1 =$	$8 - 5 =$
$5 + 5 =$	$7 - 3 =$
$6 + 2 =$	$9 - 5 =$

Exemples de calcul écrit :

$$
\begin{array}{r}
6 \\
\text{et} \quad 4 \\
\hline
\text{font } 10
\end{array}
\qquad
\begin{array}{r}
8 \\
\text{moins } 3 \\
\hline
\text{reste } 5
\end{array}
$$

80ᵉ		81ᵉ	
$6 + 2 =$	$8 + 3 =$	$2 - 2 =$	$19 - 3 =$
$1 + 9 =$	$2 + 9 =$	$3 - 3 =$	$27 - 6 =$
$3 + 7 =$	$7 + 6 =$	$9 - 2 =$	$7 - 4 =$
$7 + 4 =$	$8 + 5 =$	$8 - 8 =$	$8 - 7 =$
$6 + 7 =$	$3 + 9 =$	$6 - 1 =$	$12 - 2 =$

EXERCICES

82e	83e	84e	85e
3 + 8 =	19 — 3 =	9 + 3 =	8 — 7 =
9 + 2 =	7 — 6 =	11 + 5 =	9 — 3 =
5 + 8 =	9 — 8 =	7 + 7 =	11 — 1 =
9 + 3 =	8 — 3 =	4 + 7 =	9 — 7 =
7 + 2 =	7 — 2 =	7 + 6 =	15 — 3 =
6 + 0 =	12 — 2 =	3 + 4 =	9 — 9 =
7 + 7 =	28 — 7 =	1 + 6 =	29 — 8 =
25 + 4 =	32 — 2 =	13 + 3 =	13 — 2 =
40 + 9 =	58 — 6 =	31 + 3 =	39 — 8 =
31 + 8 =	43 — 1 =	19 + 8 =	47 — 5 =
17 + 2 =	47 — 5 =	24 + 4 =	59 — 7 =

86e	87e	88e	89e
10 + 10 =	17 — 10 =	31 + 13 =	26 — 21 =
13 + 10 =	45 — 40 =	10 + 11 =	29 — 13 =
11 + 13 =	26 — 10 =	81 + 43 =	18 — 10 =
60 + 17 =	26 — 20 =	94 + 11 =	28 — 16 =
20 + 14 =	28 — 10 =	11 + 11 =	29 — 29 =
10 + 12 =	29 — 20 =	32 + 20 =	17 — 15 =
11 + 10 =	49 — 40 =	33 + 62 =	15 — 10 =
10 + 44 =	15 — 14 =	10 + 13 =	26 — 23 =
10 + 12 =	29 — 20 =	57 + 41 =	28 — 21 =

90e	91e	92e	93e
28 + 25 =	19 — 18 =	24 + 36 =	28 — 13 =
29 + 14 =	28 — 24 =	27 + 57 =	65 — 24 =
35 + 28 =	29 — 21 =	59 + 28 =	23 — 13 =
44 + 39 =	43 — 10 =	38 + 23 =	28 — 12 =
19 + 14 =	48 — 37 =	19 + 8 =	74 — 62 =
19 + 27 =	64 — 33 =	12 + 28 =	39 — 18 =
46 + 15 =	97 — 43 =	19 + 15 =	48 — 43 =
51 + 29 =	48 — 25 =	29 + 10 =	69 — 39 =
19 + 61 =	77 — 40 =	59 + 19 =	84 — 63 =
2 + 7 =	19 — 2 =	19 + 28 =	78 — 60 =

B..

EXERCICES

94e	95e	96e	97e
64+57=	39—28=	57+63=	27—13=
29+19=	79—54=	52+28=	12—12=
17+13=	79—47=	34+20=	89—76=
19+27=	49—19=	19+25=	95—84=
38+57=	85—62=	29+18=	67—51=
19+28=	96—85=	18+17=	49—28=
14+59=	93—70=	19+92=	78—67=
19+16=	66—53=	11+15=	94—80=
29+17=	92—51=	19+26=	56—15=

34. Un nombre *abstrait* est celui dont l'espèce d'unité n'est pas désignée : 12.

35. Un nombre *concret* est celui dont l'espèce d'unité est désignée : 12 mouchoirs.

36. Un nombre *complexe* est celui qui contient une ou plusieurs des anciennes subdivisions de l'unité, comme : 4 toises, 2 pieds, 7 pouces et 5 lignes.

37. Un nombre *pair* est celui qui est terminé par un des chiffres 2, 4, 6, 8, 0.

38. Un nombre *impair* est celui qui est terminé par un des chiffres 1, 3, 5, 7, 9.

39. Un *multiple* est un nombre qui en contient exactement un autre plusieurs fois : 8 est le multiple de 2 et de 4.

40. Un *sous-multiple* est un nombre qui est

contenu exactement dans un autre plusieurs fois : 2 et 4 sont les sous-multiples de 8.

41. Les nombres *premiers* sont ceux qui n'ont pas de sous-multiples : 3, 5, 7, 11, 13, etc.

Suite des petits problèmes de calcul mental et de calcul écrit.

EXERCICES

98ᵉ	99ᵉ	100ᵉ	101ᶜ
82+99=	64—21=	88+59=	47—23=
14+37=	42—32=	33+19=	88—27=
37+44=	78—50=	64+76=	67—44=
53+48=	47—18=	15+26=	99—88=
78+43=	85—63=	34+47=	83—70=
51+39=	98—87=	65+47=	77—32=
43+87=	69—57=	32+89=	87—31=
72+29=	73—60=	33+88=	97—86=
93+57=	86—25=	91+69=	66—35=
67+29=	99—76=	47+33=	78—40=

102ᵉ	103ᵉ	104ᵉ	105ᵉ
79+59=	27—16=	80+60=	94—21=
24+97=	72—41=	21+73=	57—26=
31+15=	94—62=	67+19=	29—21=
64+32=	47—17=	54+61=	93—63=
82+61=	39—16=	27+37=	79—57=
97+61=	41—10=	61+71=	57—16=
21+91=	77—63=	81+61=	81—61=
34+23=	74—53=	50+50=	89—78=
85+64=	84—51=	21+97=	49—37=
83+13=	94—60=	9+99=	76—52=

EXERCICES

106º	107ᵉ	108ᵉ	109ᵉ
$61+17=$	$81-70=$	$17+39=$	$73-41=$
$71+94=$	$54-32=$	$11+57=$	$84-50=$
$83+62=$	$67-36=$	$21+86=$	$79-78=$
$22+73=$	$97-63=$	$90-29=$	$88-35=$
$47+20=$	$69-57=$	$63+77=$	$65-24=$
$67+97=$	$67-24=$	$24+28=$	$71-51=$
$84+63=$	$79-63=$	$49-47=$	$85-33=$
$17+93=$	$88-37=$	$78+65=$	$46-41=$
$13+77=$	$67-44=$	$53-71=$	$37-34=$
$93+44=$	$79-38=$	$37+83=$	$57-12=$

Signes d'abréviation arithmétique.

42. Les principaux signes d'abréviation arithmétique sont :

Le signe $+$ signifie *plus* et indique l'*addition;*

Le signe $-$ signifie *moins* et indique la *sous-traction;*

Le signe $\times$ signifie *multiplié par* et indique la *multiplication;*

Le signe $:$ signifie *divisé par* et indique la *division;*

Le signe $=$ signifie *égal* et indique l'*égalité.*

110° EXERCICE.

*Répondre par écrit et de vive voix aux questions
suivantes.*

*Par quel chiffre est représentée l'unité dans
les nombres entiers ?*

Par le chiffre

*Combien emploie-t-on de chiffres pour re-
présenter tous les nombres ?*

On emploie   chiffres.

*Quels sont les chiffres qui ont une valeur
absolue ?*

Ces chiffres sont

*Combien faut-il d'unités pour faire une
dizaine ?*

    unités.

*Combien faut-il de dizaines pour faire
quatre-vingts unités ?*

    dizaines.

*Combien faut-il de dizaines pour faire
une centaine ?*

    dizaines.

*Combien faut-il de centaines pour faire un
mille ?*

    centaines.

B...

Combien faut-il de dizaines pour faire trois mille ?

dizaines.

Combien faut-il de mille pour faire un million ?

unités de mille.

Combien faut-il de mille pour faire cinq millions ?

unités de mille.

Quel rang occupent les unités ?

Le   rang à droite.

Quel rang occupent les dizaines ?

Le   rang à droite.

Quel rang occupent les centaines ?

Le   rang à droite.

De combien de chiffres se compose une tranche ?

De   chiffres.

Où se trouve la tranche des unités ?

La   à droite.

Où se trouve la tranche des mille ?

La   à droite.

Où se trouve la tranche des millions ?

La   à droite.

Où se trouve la tranche des billions ?

La   à droite.

Où se trouve la tranche des trillions ?

La   à droite.

Où se trouve la tranche des quatrillions ?

La   à droite.

Où se trouve la tranche des quintillions ?

La   à droite.

Combien faut-il de dixièmes pour faire une unité ?

dixièmes.

Combien faut-il de centièmes pour faire une unité ?

centièmes.

Combien faut-il de millièmes pour faire une unité ?

millièmes.

Combien faut-il de centièmes pour faire un dixième ?

centièmes.

Combien faut-il de millièmes pour faire un centième ?

millièmes.

Combien faut-il de millièmes pour faire un dixième ?

millièmes.

Quel est le rang des dixièmes?

Le   à droite de la virgule.

Quel est le rang des centièmes?

Le   à droite de la virgule.

Quel est le rang des millièmes?

Le   à droite de la virgule.

Combien y a-t-il de dixièmes dans 1,3?

   dixièmes.

Combien y a-t-il de centièmes dans 19.42?

   centièmes.

Combien y a-t-il de millièmes dans 7.04?

   millièmes.

QUESTIONNAIRE

DE LA PREMIÈRE ANNÉE.

Que signifient les mots numération, numérer (1)? Qu'apprend la numération (1)? Qu'enseignent la numération parlée, la numération écrite (2)? Par quoi sont indiquées la valeur absolue et la valeur relative des chiffres (3)? Comment a-t-on formé les neuf premiers nombres? tous les autres nombres (4)? Comment parvient-on à exprimer tous les nombres avec dix chiffres (5)? Qu'est-ce qu'un nombre entier (6)? Quelle est la manière de lire un nombre entier composé de plus de trois chiffres (7)? Comment se nomment les trois chiffres de chaque tranche (8)? Quelle est la manière d'écrire un nombre entier composé de plus de trois chiffres (9)? Qu'est-ce qu'un nombre décimal (10)? Qu'entend-on par décimales (11)? Comment lit-on un nombre décimal (12)? Comment l'écrit-on (13)? Que faut-il faire s'il ne contient pas des unités entières (14)? Quel est le rôle de la virgule dans les nombres décimaux (15)? Qu'arrive-t-il si l'on avance ou si l'on recule la virgule de 1, 2, 3 rangs vers la droite ou vers la gauche (16)? Le zéro a-t-il une valeur absolue? quel est

son rôle (17)? Qu'arrive-t-il si l'on ajoute ou si l'on re-
tranche 1, 2, 3 zéros à la droite d'un nombre entier (18)?
d'un nombre décimal (19)? Qu'appelle-t-on chiffres romains (20)? Où les rencontre-t-on ordinairement (21)?
Qu'arrive-t-il quand un chiffre romain est placé à la
droite d'un autre égal ou plus grand (22)? à la gauche
d'un plus grand que lui (23)? Que faut-il observer si une
lettre est surmontée d'un ou de deux traits (24)? Qu'est-
ce que l'arithmétique (25)? un nombre (26)? l'unité (27)?
une quantité (28)? calculer (29)? Quelles sont les opérations fondamentales de l'arithmétique (30)? Pourquoi les
appelle-t-on fondamentales (31)? Qu'est-ce qu'un problème (32)? Quelle différence existe-t-il entre la solution
et le calcul (33)? Qu'est-ce qu'un nombre abstrait (34)?
concret (35)? complexe (36)? pair (37)? impair (38)?
multiple (39)? sous-multiple (40)? premier (41)? Quels
sont les principaux signes d'abréviation arithmétique (42)?

FIN.

www.ingramcontent.com/pod-product-compliance
Lightning Source LLC
Chambersburg PA
CBHW070859210326
41521CB00010B/2013